CONJECTURES

SUR LA CAUSE

DE LA DIMINUTION APPARENTE

DES EAUX

SUR NOTRE GLOBE;

ADRESSÉES

Au Cit. FRANÇOIS (DE NEUF-CHATEAU),

PAR EUSÈBE SALVERTE.

« . . . . Ut potero explicabo. Nec tamen,
» ut Pythius Apollo , certa ut sint et
» fixa quae dixerim ».
CICER. *Tuscul. Quaest. lib. I,§. 17.*

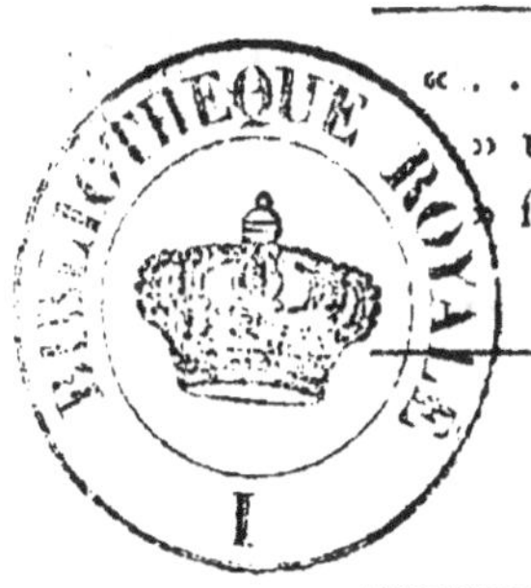

A PARIS.

A L'IMPRIMERIE-DEMONVILLE,
rue Christine , n°. 12.

AN SEPTIEME.

Ces Conjectures ont été adressées au Citoyen
François de Neuf-Chateau, lorsque, placé
au Ministère de l'Intérieur, il était à même
de réaliser et de perfectionner les vues qu'elles
contiennent. Je lui demande aujourd'hui la permission de les lui DÉDIER, comme un témoignage de ma reconnaissance personnelle, et
de la reconnaissance que lui doivent tous les
amis véritables des Lettres, des Arts et des
Sciences.

Eusèbe Salverte.

Paris, 17 *Messidor an* 7.

CONJECTURES

Sur la cause de la diminution apparente
des eaux sur notre globe.

« Et mare contrahitur, siccaeque est campus arenae
» Quod modo pontus erat, quosque altum texerat aequor
» Exsistunt montes . . . .
» . . . .
» Aequora decrescunt, et ab aethere longiùs absunt ».
    Ovi d. *Métamorph. lib. II.*

§. Ier.

N EWTON pensait que la masse d'eau répandue sur notre globe éprouve une diminution progressive ; et c'est par ce motif qu'il regardait l'univers comme devant un jour réclamer de l'Être-Suprême une main réformatrice : *manum emendatricem desiderat.* Boyle voulut étayer cette opinion d'une expérience chimique : il prétendit avoir transformé l'eau en terre par une distillation long-tems soutenue. Cette assertion s'est trouvée fausse. Dans l'expérience, l'eau s'était évaporée, laissant au fond de l'alambic un peu de la terre même des vaisseaux, qu'elle avait corrodée par une action purement mécanique. Mais l'opinion que ce fait devait appuyer et rendre facilement explicable, repose sur des fondemens plus solides.

Dans tous les tems, la mer a laissé à sec de vastes plages que ses flots avaient jadis couvertes : la tradition sur ce point est confirmée par des observations certaines, faites depuis vingt, dix, et même huit siècles. La mer a sans doute plus d'une fois envahi des terres nouvelles, et plusieurs physiciens ont pensé que son lit éprouvait un déplacement continuel d'Orient en Occident. Sans contester ce phénomène général, on peut observer que d'après l'étendue et l'élévation des terres chargées de monumens du séjour des eaux, les conquêtes de cet élément ne semblent point encore égaler ses pertes.

Si l'étendue des mers, ignorées, ou découvertes depuis trop peu de tems pour être bien connues, rend le fait du décroissement de la mer difficile à constater ; il est prouvé du moins qu'un laps de siècles assez court suffit pour tarir des cours d'eau considérables. Il n'est autour de nous presque point d'endroit habité où l'on ne se plaigne de la disparition de sources autrefois abondantes : *Cadet de Vaux* vient de faire cette observation pour la plupart des sources des Côteaux-Nord de la vallée de Montmorency (1); et pour peu qu'on parcoure les campagnes, on y trouve des traces fréquentes de semblables phénomènes (2).

Les fleuves ne sont point à l'abri de cette influence destructive : on a pensé plus d'une fois que quelques-uns avaient disparu. Homère, observateur et peintre exact de la nature, alors même qu'il agrandit tout ce qui est du domaine de l'imagination ; Homère peint le Scamandre (*Iliad. lib. 21.*) comme un fleuve terrible, dont les flots courroucés arrêtèrent l'impétueux Achille, le remplirent de terreur et l'eussent englouti, s'il n'eût été secouru par les Dieux. Cette description pompeuse eut paru le comble du ridicule, si le Scamandre n'eut été une rivière considérable. Cependant en 1684, *Guilleragues* le peignait (3) comme un ruisseau réduit à

----

(1) *Réflexions sur la diminution progressive des eaux.* Messidor an VI.

(2) Un ruisseau entretenait une forge près d'*Ivoy*, département du *Cher.* Le propriétaire fit, il y a quelques années, abattre une futaie voisine, de trente arpens ; il s'est assuré que depuis cette époque, le ruisseau avait décru d'un tiers.

(3) « Le Scamandre et le Simoïs sont à sec dix mois

sec dix mois de l'année. *Choiseul-Gouffier*
a vainement cherché les traces de ce fleuve,
près des ruines de Troyes ; et son existence
même était devenue problématique. *Olivier*,
en prairial an V, a retrouvé les sources du
Scamandre (1) ; mais on peut conclure des
deux rapports précédens, que le Scamandre
est loin d'être aujourd'hui ce qu'il était aux
jours d'Homère.

Les fleuves qui n'ont point subi de révo-
lutions aussi marquantes, ont presque tous
rétréci le lit qui les renferme, et diminué
les flots qu'ils versent dans l'Océan. Placé
sur le bord d'une rivière, on voit, à droite
et à gauche, des collines tellement correspondantes entr'elles pour les parties saillantes
et rentrantes, et tellement conformes dans la
direction de leur prolongement à la direction
du fleuve même, qu'il est impossible de méconnaître, dans l'intervalle qui les sépare ,
l'ancien lit du fleuve, et dans les collines ses
anciens rivages.

Quelques naturalistes ont vu dans ces in-
tervalles, fermés par des collines exactement

» de l'année : leur lit n'est qu'un fossé ».

(Lettres de J. Racine, p. 253.)

(1) Rapport fait à l'Institut par Olivier, de son Voyage
dans l'Empire Ottoman, le   Pluviôse an VII.

correspondantes entr'elles , les lits des grands courans qui ont dû exister, lorsque le globe entier était recouvert par les eaux. Mais comment un fleuve a-t-il succédé à chaque courant, dans une direction exactement parallèle ? Ce ne peut être par une retraite subite des eaux : la douce inclinaison des pentes, et la régulière disposition des diverses couches dont sont composées les collines, prouvent au contraire que les eaux ont subi une diminution lente et progressive ; et c'est le phénomène qu'il s'agit d'expliquer.

L'intervalle qui forme l'ancien lit du fleuve, est souvent d'un myriamètre et quelquefois de plusieurs. Sans l'existence de *Rio de la Plata* , du fleuve *Saint-Laurent* et de celui *des Amazones,* nous ne pourrions admettre la possibilité d'un cours d'eau d'une aussi merveilleuse largeur. Un jour donc, ces immenses rivières verront décroître leurs eaux, s'unir au continent les îles sans nombre qui partagent leur cours ; et de leur ancienne grandeur ne laisseront d'autre trace que l'étendue de leur lit actuel, dont les bords s'élèveront dans la plaine bien loin au-delà de leurs nouveaux rivages.

En laissant dans le doute le décroissement des eaux de la mer, la question première se représente dans toute sa force. On demande quel fléau dessèche les sources et les ruisseaux ? On demande quelle cause a enlevé à tant de fleuves la masse d'eau nécessaire pour unir , quelquefois dans une longueur immense , des rivages aussi éloignés ?

§. I I.

Plusieurs hypothèses ont été imaginées pour résoudre le problême.

1°. La masse d'eau qui au commencement couvrait notre globe, a cessé bientôt d'exister toute entière dans l'état liquide. Dissoute dans l'atmosphère, elle a abandonné à l'action de l'air et du soleil, la terre, vierge encore, et pressée de produire. Les corps organisés ont paru de toutes parts; l'eau, cette base essentielle de la végétation, et qui seule suffit souvent à l'entretenir, l'eau s'est répandue avec profusion dans les plantes et dans les arbres ; elle a vivifié le corps des animaux, elle a été absorbée par les minéraux dans leur cristallisation ; et, ne cessant d'alimenter tous ces nouveaux enfans de la nature, l'eau a vu diminuer en proportion sa masse primitive.

Cette hypothèse s'est réalisée sans doute à l'époque inconnue de l'origine des choses.

C'est par l'effet de cette première et lente diminution de l'eau, qu'aux courans, qui agitaient sans cesse la mobile immensité des ondes, et sillonnaient profondément la surface de la terre, ont peu à peu succédé de vastes fleuves, contenus désormais dans les lits creusés par les premiers courans.

La géographie physique favorise cette opinion. La direction des courans généraux de la mer est d'Orient en Occident, et par conséquent celle des contre-courans, qui agissent puissamment sur la terre qui les supporte, est d'Occident en Orient (1).

Presque tous les fleuves de l'univers coulent dans l'une de ces directions (2) ; leurs lits semblent donc avoir été creusés, soit par des contre - courans, soit par des courans

-----

(1) Voyez *Daniel Bernouilli*, pièce *sur les Courans*, qui a remporté le prix à l'Académie des Sciences en 1751 ; et l'*Encyclopédie Méthodique.. Marine*, tom. I, pag. 632, 637, article *Courans*.

(2) « Depuis l'Espagne jusqu'à la Chine, on voit presque toutes les rivières courir d'orient en occident, et peu du midi au nord et du nord au midi En France et en Allemagne, il n'y a que le Rhône et le Rhin qui se dirigent du nord au midi. Les fleuves d'Afrique (excepté le Nil) coulent d'occident en orient, ou d'orient en occident. Ceux de l'Amérique septentrionale marchent dans la même direction que ceux de l'ancien

primitifs assez peu profonds pour n'avoir point de contre-courans.

D'ailleurs (et cette observation semble péremptoire, si on la rapproche des preuves qui attestent la lenteur de la retraite des eaux), dès qu'il a existé une élévation terrestre capable d'attirer les vapeurs répandues dans l'atmosphère, elle a produit une source, et celle-ci a dû prendre d'abord la direction du courant dans lequel elle se précipitait ; ou si elle rencontrait une masse d'eau inerte, lui communiquer son mouvement, et former un courant auquel elle imprimait sa direction : on voit dans ces deux cas l'origine d'un fleuve.

Quoiqu'il en soit, depuis bien long-tems la mesure commune de la végétation et de l'animalisation est fixée dans des limites peu variables, et la diminution des eaux n'est pas demeurée stationnaire. D'ailleurs l'absorption de l'eau par les corps organisés est une véritable circulation dans laquelle, tour-

----

» continent, etc. etc. (*Magasin Encyclopédique*, IVe année, tom. VI, pag. 179, 180.)

Remarquez que les fleuves qui s'éloignent de la direction générale, ont dû être produits par les courans irréguliers que déterminaient les grandes inégalités de la surface du globe.

à-tour détruits et reproduits, ils ne font que recevoir et rendre le fluide qui les alimente sans diminuer jamais sa masse réelle. Enfin, et ceci me paraît décisif, les pays où la grande végétation est plus forte, plus active, plus multipliée, sont aussi les plus riches en eaux courantes : je puis en alléguer pour preuve la vaste étendue des rivières, des lacs, des savannes de l'Amérique Septentrionale, et le nombre et la grandeur des fleuves de la Chine ; pays si peuplé, si boisé, si bien cultivé.

2°. Les chimistes français ont opéré, de nos jours, une véritable décomposition de l'eau. Si l'on s'appuie de leur découverte, mise par eux à l'abri de toute objection, on peut supposer l'eau décomposée sans cesse par l'action de la végétation et de la digestion : dans ce cas l'hydrogène et l'oxygène se combineront séparément dans les corps organisés, et y deviendront les bases des acides, des huiles, des alkalis, &c. &c.

La moindre réflexion découvre que cette hypothèse se réduit à la première, et que les faits qui militent contre l'admission de l'une, détruisent également l'autre. Qu'il s'agisse de l'absorption de l'eau, ou de celle de ses principes, séparés l'un de l'autre, il est constant que la quantité des corps organisés ne semble augmenter et diminuer que dans des limites de variation assez rapprochées, et qu'ainsi elle ne peut être alléguée pour cause d'un effet constamment progressif.

3°. Admettra-t-on une décomposition de l'eau qui ne cesserait d'augmenter dans l'atmosphère la proportion d'hydrogène et d'oxygène ? La pluie abondante qui suit presque toujours les coups de tonnerre, nous apprend quel est l'emploi de l'hydrogène mêlé avec l'air atmosphérique, et combien promptement ce mélange est détruit et reformé en eau par l'explosion de la foudre.

Si l'on suppose, sans preuve, que la plus grande partie du gaz hydrogène échappe par sa légèreté et parvient aux extrémités de l'atmosphère, et qu'ainsi la récomposition de l'eau est loin d'égaler sa décomposition; on peut, sans discuter les bases de cette hypothèse, répondre, par une induction assez naturelle, que les aurores boréales sont l'effet visible de la combustion tranquille de ce même gaz, placé ainsi en contact avec la dernière couche de l'air atmosphérique auquel il n'est plus assez mêlé pour opérer une détonation. Il y aurait, dans ce cas, la même différence entre la foudre et l'aurore boréale, qu'entre l'expérience du *pistolet de Volta*, et celle de la *lampe à air inflammable*. Le gaz hydrogène étant alors le plus loin possible de la terre, devrait céder à la force centrifuge, et par conséquent être presque en entier refoulé vers les poles : aussi est-ce le plus souvent aux poles que paraissent les aurores boréales.

4°. On est fondé à croire que de grands ébranlemens de la nature ouvrent quelquefois sous la mer des cavernes profondes. On expliquera par l'engloutissement des ondes que ces abîmes dévorent, la diminution de l'élément de l'eau à la surface du globe. Mais de tels phénomènes, s'ils sont probables, ne sont point avérés ; il vaut mieux, quand on le peut, assigner une cause positive à un phénomène certain, que de s'égarer dans une hypothèse.

Il faudrait, de plus, des ébranlemens bien extraordinaires et des réservoirs intérieurs bien profonds, pour opérer une absorption d'eau qui fût perceptible à nos yeux : et encore, pour expliquer une diminution constante, il faudrait un abaissement invariable et progressif des antres sous-marins, ce qu'on peut d'autant moins supposer, que ces phénomènes réguliers seraient nécessairement précédés et suivis de symptômes qui les feraient reconnaître, observer et prévoir.

§ I I I.

Une seule hypothèse reste, et c'est, je crois, la plus conforme à la vérité : *la diminution des eaux n'est qu'apparente ; leur masse est depuis long-tems fixée dans des limites invariables ; l'activité de leur circulation est seule diminuée.*

Quand j'avance que la masse des eaux est toujours la même, j'entends qu'elle n'est point altérée d'une manière sensible par les causes que j'ai détaillées : leur action, sans doute, est réelle, mais la variabilité, la faiblesse et l'irrégularité de ses résultats la rendent inappréciable.

Je dois donc prouver, 1°. qu'une circulation moins active suffit pour occasionner la diminution apparente de l'eau ; 2°. que la circulation de l'eau dans notre univers est en effet considérablement ralentie.

La première proposition n'offrirait pas de difficultés, si l'on pouvait juger de l'ordre physique par l'ordre moral. Que deux états possédant la même quantité de numéraire, chaque pièce de monnaie circule pendant l'année entre cent personnes dans le premier état, tandis que dans le second elle ne circulera qu'entre dix ; l'homme le moins versé en économie politique reconnaît d'abord que le premier état paraîtra posséder dix fois plus de numéraire que le second ; et que les effets de la circulation intérieure sur le commerce, l'intérêt de l'argent, le prix des denrées et de la main-d'œuvre seront dans les deux pays proportionnés à la richesse apparente.

Mais quelque juste, quelque frappante que soit la comparaison, elle ne forme point un argument rigoureusement exact : il faut donc aborder la question physique.

Une expérience bien simple suffit pour démontrer à l'œil le fait général. On connaît ces instrumens destinés à offrir en petit un modèle de la *pompe de Verrat.* Une chaîne sans fin, tournant sur un cylindre, puise l'eau dans un réservoir, et la porte dans un bassin situé à côté du cylindre ; l'eau retombe ensuite du bassin dans le réservoir par un tuyau destiné à cette fonction. Si l'on fait mouvoir la chaîne avec lenteur, l'eau n'arrive que goutte à goutte dans le bassin, et par conséquent n'en retombe que goutte à goutte. Tournez la chaîne avec rapidité, le bassin, se remplissant très-vîte, laissera échapper l'eau par un jet aussi fort que le permettra la capacité du tuyau ; et l'eau, qui dans un tems donné, passera sous les yeux du spectateur, peut alors être plus que décuple de celle qui passerait dans le premier cas : cependant la masse d'eau réelle est toujours la même.

Les eaux répandues sur la surface du globe, les nuées et le gaz aqueux dissous dans l'atmosphère, les pluies et les météores dans lesquels se résolvent les vapeurs pour retomber sur la terre, voilà les élémens d'une circulation perpétuelle, semblable à la circulation expliquée dans cette expérience. Les points de dissemblance, qui rendent la première circulation plus compliquée, sont ici de peu d'importance. Les inégalités locales de la chute des pluies, l'intervalle de tems qui les sépare, la variabilité de la commune évaporation des eaux, ne peuvent produire que des différences de détail, et nous raisonnons sur l'ensemble. Que sur le globe entier, l'évaporation des eaux diminue tout-à-coup d'un tiers, les pluies et les autres météores subiront la même diminution ; les fontaines, les rivières, les fleuves, appauvris dans leurs sources, ne charieront plus

plus que des flots amoindris, incapables de remplir la capacité première de leurs lits et de joindre leurs anciens rivages. Une portion de terre restera donc à sec, et sera conquise sur les eaux par le prolongement de la plaine. Voilà précisément ce qui est arrivé de toutes parts. On n'en pourra douter, si l'on veut examiner les causes qui ont dû diminuer la circulation de l'eau entre la terre et l'atmosphère.

§ I V.

Toutes les cosmogonies connues, la génèse comme les autres, commencent à l'instant où la terre entière était couverte par les eaux. Franchissons cette période primordiale ; et, par l'effet de causes semblables à celles détaillées dans la première et la seconde hypothèse (§ II, 1°. et 2°.), supposons l'émersion complette des parties les plus élevées du globe. La terre commence à se peupler d'animaux, d'arbres et de plantes ; mais elle est livrée encore au plus vaste empire des eaux ; la mer paraît sans bornes, le lit des fleuves occupe une largeur immense ; la moindre cavité est un lac ou un marais. Ces surfaces d'eau si multipliées doivent produire une évaporation proportionnée à leur étendue ; et bientôt cette évaporation, rassemblée sous la forme de météores, est repompée par les eaux avec une égale énergie. Ainsi la circulation de l'eau jouit alors de son *maximum* de force : par elle toutes les eaux du globe se meuvent continuellement avec une activité dont les traces subsistent encore dans ces larges et irrégulières vallées, creusées de toutes parts par le déplacement des flots. Les arbres qui couronnent la cime des montagnes, servent sur-tout de conducteurs à l'eau céleste ; et, par leur position, déterminent l'origine des divers cours d'eau, les sources des fontaines et des fleuves qui doivent succéder aux courans primitifs. (Voyez ci-dessus § Ier, pages 6 et 7, § II, pages 9 — 11).

C'est au pied de ces arbres, sous leur ombre tutélaire, que l'homme est d'abord placé. Son premier desir ne sera pas de les abattre : en supposant qu'il en ait la possibilité, et qu'il le fasse pour entretenir le feu nécessaire à sa vie, ou conquérir la terre qui doit le nourrir, cette destruction sera partielle, proportionnée au peu d'étendue des moyens et des besoins ; elle sera tardive et lente, puisque l'homme est pêcheur, chasseur et pasteur avant de devenir agricole ; on ne peut donc la présenter comme assez considérable pour opérer un changement sensible dans la quantité ou la direction des pluies.

Mais, entouré par-tout d'eaux stagnantes, dont les vapeurs l'incommodent, dont la position gêne souvent ses pas, et dont la permanence lui dérobe un sol précieux pour la chasse, le pâturage ou la culture, l'homme s'en délivrera en leur ménageant un écoulement dont il calculera encore l'étroite largeur. Bientôt, instruit à voguer sur les eaux, il appercevra que des lacs ou des rivières trop larges manquent souvent de la profondeur qu'exige son art nouveau (1); ses travaux seront consacrés à resserrer dans un lit plus étroit et plus creux, les eaux courantes qui sont à sa portée. Par cette opération, et par la dessication de toutes les eaux sans profondeur, répandues dans les plaines, la surface de l'eau sera considérablement diminuée autour de l'homme. L'évaporation,

---

(1) « Plus la Seine élargit son chenal, moins la navi-
» gation est facile, plus les moyens en deviennent pré-
» caires ». (*Essais sur le département de la Seine inférieure*, tom. II, pag. 164.

toujours proportionnée aux surfaces, les météores dans lesquels elle se résout, et les sources qu'alimentent ces météores, éprouveront une semblable diminution. Cet affaiblissement des sources, et par conséquent de la largeur du cours des eaux, diminue encore la surface évaporante; et l'on voit déjà ici une cause imperceptiblement, mais continuellement agissante et réagissante, qui tend à ralentir la circulation de l'eau.

On s'étonnera peut-être de ce que je n'allégue point pour cause principale de la moindre circulation de l'eau, ces alluvions que les fleuves ne cessent de former, et qui chaque jour resserrent leurs rivages : mais ce serait faire servir d'explication le phénomène même qu'il s'agit d'expliquer.

Supposer d'ailleurs que dans l'état primitif, le courant d'eau qui avait dévoré une portion de terre, en formait ensuite une alluvion par laquelle son lit était retréci, c'est contredire les lois de la physique. Un liquide pesant dans tous les sens, l'addition de cette portion de terre devait au contraire hausser le niveau de l'eau, la forcer dès-lors à couvrir ses rivages de part et d'autre, et rendre ainsi son lit plus large et moins profond.

§ V.

La première cause que j'assigne à la diminution des eaux sur la surface du globe, paraîtra peu vraisemblable. Il semble que les grands abattis de bois, nécessités par les défrichemens, ont dû précéder les travaux indiqués par les besoins de la navigation.

Telle est cependant la marche naturelle des choses. Dessécher les eaux stagnantes répandues en flaques nombreuses dans les plaines, a été pour l'homme le besoin le plus pressant et le plutôt senti. Mais le travail qui leur procure un écoulement est le travail d'un particulier ; il ne laisse de traces ni sur la terre, ni dans la mémoire des hommes ; c'est peu de chose pour chaque individu, mais chacun le fait ; et ainsi la masse collective de ces effets est immense, tandis que leur origine demeure oubliée. Il faut de plus se bien pénétrer de cette idée, que l'action d'une pareille cause est toujours progressivement croissante, ainsi que je l'ai démontré.

L'homme peut rester long-tems à ce point. On ne doit compter comme ayant quelqu'influence, ni la consommation de bois reclamée par ses besoins, ni des incendies de forêts, toujours fortuits, et dès-lors infiniment rares. Si quelques peuplades n'ont point dépassé ce terme d'industrie, la circulation des eaux doit être encore immense dans leur pays, et c'est ce qu'on observe dans l'intérieur de l'Amérique septentrionale.

Les premiers travaux sur les eaux courantes ont été infiniment simples. Il ne s'agissait pas de redresser le cours tortueux d'un fleuve rempli de sinuosités, d'unir des rivières éloignées, d'avancer des jetées dans la mer pour former ou abriter un port ; ces vastes conceptions appartiennent à un âge plus perfectionné : mais, par des amas de terre et de pierres, opposer une digue rustique aux débordemens d'un fleuve ; repousser dans son sein les eaux stagnantes qu'il dépose sur ses bords ; joindre au rivage un écueil voisin, en comblant l'étroit chenal dans lequel venait se briser le frêle esquif des premiers pêcheurs, voilà les travaux dignes de leur industrie naissante, et commandés par leurs premiers besoins ; car, je le répète, l'homme placé au bord des eaux a été pêcheur plutôt qu'agriculteur, a déployé son adresse et sa force sur les rives des fleuves avant d'attaquer les forêts.

Un fait (et c'est beaucoup d'en décou-

vrir un dans ces tems de barbarie , toujours stériles pour l'Histoire) , un fait
confirme mon opinion. A l'époque où la
Neustrie était presqu'entièrement couverte
de forêts, les premiers travaux connus, faits
pour repousser les ravages que cause la
Seine à son embouchure, et contenir dans
son lit cette belle rivière, furent l'ouvrage
des moines de *Jumiéges*. (Essais sur le
département de la Seine-Inférieure, tome II,
page 164). Remarquez que ces moines,
comme ceux des autres communautés du
même pays, exerçaient presqu'exclusivement
le commerce maritime. (Ibid. page 263).
Remarquez aussi, qu'en supposant qu'ils
eussent pour but unique de préserver les
terres cultivées des ravages de l'eau , cette
opération a dû précéder encore les immenses
abattis de bois exécutés depuis par ces céno-
bites ; car dans une position semblable à la
leur, le premier but , le principal vœu de
l'homme est , non d'agrandir , mais de con-
server ce qu'il a.

Lorsque l'homme, se multipliant davan-
tage sur le sol qu'il a conquis, double son
industrie avec ses besoins, c'est alors seulement qu'il commence à défricher en grand,
qu'il attaque avec le fer et le feu les plus

vastes forêts, et fait germer des moissons nombreuses sur le sol, que pendant des siècles l'ombre épaisse des arbres dérobait à la clarté du jour. Cette opération porte soudain avec elle une influence destructive de la circulation de l'eau dans le pays où elle est imprudemment consommée.

Les arbres en effet sont les plus puissans conducteurs de l'eau céleste ; non-seulement à la faveur de leur forme et de leur éléva-tion ils appèlent avantageusement la pluie, la rosée, les brouillards ; mais leurs conduits absorbans sont toujours ouverts pour pomper le gaz aqueux disséminé dans l'atmosphère. Cette absorption invisible est sans doute es-sentielle à la végétation : mais une partie du fluide qu'elle entraîne est exsudée par l'arbre ; et l'opacité des feuilles l'empêchant de se re-dissoudre dans l'atmosphère échauffée par le soleil, la conserve toute entière sur le sol qu'elle fertilise et dont elle alimente les sources souterraines. On reconnaît cette transpiration des arbres conservée sous leur ombrage, à l'air frais, humide, impregné d'un *arome* végétal infiniment léger, qu'on respire en entrant dans un bois. L'influence des arbres sur la réunion des pluies, des vapeurs et du gaz aqueux, doit être même, dans la masse totale, plus considérable qu'elle ne semble d'abord.

En effet, l'irrégulière répartition des pluies, comparée à la régularité avec laquelle chaque source fournit, dans un tems donné, la même quantité d'eau, force de remonter à une cause plus constamment agissante pour expliquer la perpétuité des sources. Cette cause est la propriété qu'ont les corps élevés, arbres ou montagnes, aux pieds desquels ces sources sont situées, de rassembler avec énergie, et de rendre uniformément au sein de la terre, les météores et le gaz aqueux dissous dans l'air atmosphérique.

§. V I.

Cette discussion conduit naturellement à l'examen de deux phénomènes qu'on ne doit peut-être pas alléguer comme preuves d'une moindre circulation des eaux, parce qu'ils ne sont point encore assez exactement constatés, mais que leur importance ne permet pas de passer sous silence. L'un est l'appauvrissement de la végétation, l'autre l'irrégulière variation de la température, dans les pays dès long-tems déboisés.

1°. Les irrigations d'un fleuve qui se partage en un grand nombre de canaux, des pluies fortes et constamment répétées aux

mêmes époques, des rosées réguli ères et abondantes, les vapeurs qu'exhalent de grandes
surfaces d'eau, en un mot tout ce qui place
le végétal entre une atmosphère humide,
et une terre impregnée d'eau, voilà ce qui
détermine, soutient, aggrandit la végétation. A l'exemple déjà cité, des plaines inon-
dées de l'Amérique Septentrionale, j'en dois
joindre un plus remarquable encore, celui
d'une végétation énergique dans des contrées où l'on ne trouve ni rivières, ni fontaines : phénomène qui nous révèle ce qui
se passa au commencement, lorsqu'autour
des premières éminences de la terre, il n'y
avait encore qu'une mer immense, des courans rapides, et point de fleuves. (*Voyez*
ci-dessus §. 4, pages 17 et 18).

On connaît ces îles, situées dans l'Océan
équatorial, ouvrages inconcevables du tems
et des polypes ; monument de l'effrayante
antiquité de la terre (1). Habitées pour la
plupart, toutes sont couvertes d arbres nombreux et robustes, de cocotiers, d'arbres à
pain et de bananiers. On demande quelle
cause a pu créer et entretenir une végétation aussi puissante sur des bancs de corail

______

(1) Voyez les Voyages de Lemaire, Schouten, Byron,
Wallis, Cook et Bougainville.

où l'on ne voit ni sources ni ruisseaux.

Il est prouvé par les expériences d'*A. F. Humboltd* et de quelques autres chimistes ; « Que non-seulement la terre végétale ou l'*hu-* » *mus*, mais les terres argilleuses, et même » les *terres simples*, ont la faculté d'absor- » ber l'oxygène, et de former de l'azote » tout pur », lorsqu'elles sont exposées humides à l'air atmosphérique (1). Cet oxy- gène est la base de la fertilité du sol, le *stimulus* de la végétation. On sait quelle activité prend celle-ci dans une terre arrosée d'acide muriatique oxygéné.

Le phénomène que cette expérience pré- sente, et qui s'est sans doute opéré en grand sur la surface entière du globe, à mesure qu'elle est sortie de la domination des eaux ; ce phénomène a évidemment porté dans les îles de l'Océan équatorial le premier germe de la fertilité. La croute supérieure des coraux, sans cesse lavée par les vagues et exposée à toute l'action de l'atmosphère, s'est décomposée en absorbant l'oxygène, et a commencé à devenir une terre végétale. Des débris de poissons morts, charriés par les flots, ont pu se joindre utilement au principe fécondant, et augmenter la première

----

(1) Annales de Chimie, tom. 29, pag. 129 — 160.

couche d'*humus*. Un hasard heureux des vents et des eaux, ou une cause semblable à celle qui dût agir aux premiers jours du monde, aura porté ou produit des graines, et fait croître des arbres sur cette terre nouvelle. Les feuilles accumulées chaque année sur le sol végétal, en ont accru l'épaisseur. Les arbres prospérant au milieu d'un air humide, se sont bientôt élevés assez pour appeller les vapeurs de l'atmosphère. La structure des îles et leur nature ne favorisant point la formation des sources, des rosées régulières se sont établies, attirées par les arbres dont elles ne cessent de seconder la croissance.

A cette force spontanée de la végétation, sur un sol que la nature semblait condamner à une éternelle stérilité, opposez la difficulté rebutante qu'on éprouve lorsque dans un pays riche jadis en bois, on veut réparer le passé et recréer des forêts. La terre se refuse à nourrir les arbres qu'elle a préférés autrefois ; ou s'ils s'élèvent à sa surface, faibles, languissans, dégénérés, ils portent long-tems l'empreinte de la répugnance de la nature. C'est l'eau qui leur manque, l'eau sans laquelle il n'est point de végétation, l'eau qu'appellait sur le sol et dans les couches inférieures de l'atmosphère, ces forêts que trop tard on cherche à renouveler. Ainsi par-tout où la végétation languit, où les forces de la nature semblent décheoir, on a la preuve, et l'on ressent l'effet de la diminution de la circulation des eaux. Ainsi cette circulation et la végétation exercent l'une sur l'autre une action continuelle et réciproque, croissent et diminuent ensemble ; et l'influence destructive des abatis d'arbres sur la circulation de l'eau, non moins que la première cause alléguée, est agissante et réagissante, et suit dans ses effets une marche constamment progressive.

2°. De toutes les causes qui, à égalité de climats, influent sur la température de l'air, l'une des plus puissantes est la circulation de l'eau. Des observations, peut-être encore trop peu nombreuses, parce qu'elles n'ont point été suivies sous ce point de vue, des observations ont fait appercevoir une irrégularité soudaine dans la chûte des pluies, des variations subites et imprévoyables dans l'ordre habituel des saisons, par-tout où les bois ont été éclaircis sans mesure. Nous en avons dit assez pour expliquer ce qui concerne les pluies, si puissantes elles-mêmes sur la température de l'atmosphère. Mais cette température est aussi modifiée directement par la quantité d'eau dissoute dans l'air.

On éprouve sans cesse des alternatives de chaud et de froid, très-sensibles pour les corps organisés, bien que le thermomètre ne les indique pas. Je les attribue avec quelque vraisemblance au gaz aqueux dissous dans l'air. Car ce gaz doit nous transmettre ou nous enlever la chaleur, en proportion non-seulement de sa densité, mais aussi de son affinité pour le calorique, affinité bien différente de celle de l'air. Si donc la température demeurant la même, l'air dissout une nouvelle quantité de ce gaz, conducteur plus énergique de la chaleur, nos sensations seront augmentées sans que le thermomètre paraisse affecté de cette variation.

Mais si l'atmosphère éprouve tout-à-coup une variation de plusieurs degrés du thermomètre, la terre même se trouvera aussitôt, par rapport à l'air, dans la position où une température habituellement plus élevée place toujours les corps organisés. Elle doit donc ressentir différemment cette variation, suivant que la quantité d'eau dissoute fera de l'atmosphère un conducteur plus ou moins puissant du calorique; et ainsi les alternatives du chaud et du froid paraîtront plus ou moins marquantes, plus ou moins subites, plus ou moins répétées.

Comme on a observé qu'un air sursaturé d'eau rendait un pays plus froid , on conçoit que dans la mesure de la circulation de l'eau et de sa dissolution dans l'atmosphère , il existe un point qui, pour chaque climat, se trouve en harmonie avec l'ordre de la nature. Mais ce point ne doit plus exister par-tout où la main de l'homme a détruit l'équilibre : et si en effet parmi nous on a raison de se plaindre que les saisons semblent avoir changé leur cours, et que le passage du chaud au froid , et du froid au chaud se fait par des sauts brusques, fréquens , et à des époques où l'on devrait le moins s'y attendre, c'est une nouvelle preuve qui confirme la justesse de l'hypothèse principale.

§. V I I.

Quelle que soit la vraisemblance de cette théorie, une objection se présente encore, sinon à la raison, du moins à l'imagination. On ne peut convenir d'une moindre circulation de l'eau, sans demander ce qu'est devenu l'excédent qui ne circule plus. Il semble que dans cette hypothèse, la mer, le grand réservoir des eaux , loin d'être diminuée , devrait s'être accrue de toutes celles qui ont cessé de circuler entre le ciel et la terre.

Un raisonnement simple résoudrait facilement l'objection : une expérience décisive la résoudra plus facilement encore. Dans une pompe de *Verrat*, soit la hauteur de l'eau dans le réservoir égale à un décimètre : (*Voyez* ci-dessus §. 3. pages 15 et 16.) si la chaîne enlève par seconde, une masse d'eau équivalente à un millimètre de hauteur, et que le bassin dans le même tems restitue une quantité d'eau parfaitement égale, la hauteur de l'eau dans le réservoir ne subira aucun changement, et sera toujours d'un décimètre. Si la chaîne mue avec rapidité, enlève par seconde un centimètre d'eau, et que le bassin en renvoye par seconde un centimètre, la hauteur de l'eau dans le réservoir inférieur restera encore d'un décimètre, bien que dans ce second cas, la circulation soit décuplée.

Dans cette expérience, où l'évaporation et la pluie sont représentées par l'eau qui monte avec la chaîne, et le cours des fleuves par celle que verse le bassin, on voit que la circulation peut subir une augmentation ou une diminution considérable, sans que la hauteur de l'eau change dans le réservoir. Mais dans le système de l'univers, on remarque encore un phénomène qui tend à diminuer la masse visible de l'eau, et qui

peut

peut expliquer le rétrécissement de la mer ,
ou l'abaissement de son niveau, en supposant l'un et l'autre bien avérés.

Si dans une vaste étendue de pays, on
a détruit tous les arbres , les vapeurs de
l'atmosphère ne seront plus attirées que
par les montagnes. Mais les cîmes dépouil-
lées des arbres qui les défendaient, perdront
bientôt la couche de terre qui les recouvre
entraînée par les pluies au fond des vallées :
elles n'élanceront plus dans les airs que des
pics décharnés , presque imperméables à
l'eau , et dépourvus sur-tout de la chaleur
qu'y entretenait la végétation. Une portion
des nuages s'y arrêtera encore ; non plus
pour s'y infiltrer et former des sources à leurs
pieds, mais pour se condenser en glace à
leur sommet.

Le reste des vapeurs et des nuages, jouet
de tous les courants de l'air , participera
sur-tout au mouvement continuel qu'im-
prime à l'atmosphère, la force centrifuge,
née de la rotation du globe. Ces nuages
seront peu à peu chassés vers les poles et
y accroîtront la masse effrayante de ces glaces, qui occupent déjà de dix-neuf à vingt
trois degrés dans l'un de nos hémisphères,
et de neuf à dix dans l'autre.

Ceci n'est point une hypothèse frivole :

C

les glaciers supérieurs de la Suisse, loin de diminuer par des fontes successives, prennent tous les ans de nouveaux accroissemens ; envahissent les villages qui les entourent, et menacent les vallées voisines d'une destruction que leur marche rapide rend chaque jour plus prochaine.

Il y a trop peu de tems que les voyageurs décrivent avec quelque exactitude la situation des glaces polaires pour qu'on ait, touchant leur agrandissement , quelque chose de plus que des probabilités. J'observerai cependant que le détroit auquel *Forbisher*, en le traversant, donna son nom , est déjà obstrué par les glaces, et que ce n'est peut-être point le seul passage franchi par nos devanciers, et fermé pour jamais à leurs successeurs.

Quoiqu'il en soit, la nature des glaces polaires les assimile à celles des glaciers, et révèle leur origine commune. Cook nous apprend qu'elles sont d'une eau parfaitement douce ; elles ne peuvent donc avoir été formées par la mer , puisque les glaçons qu'on ramasse sur les bords de l'Océan sont très-salés , et qu'on ne peut dessaler l'eau de mer, par la congellation artificielle (1).

---

(1) Ces deux faits m'ont été particulièrement attestés par un Observateur qui, plusieurs fois, en a répété les expériences.

Supposera-t-on que ces glaces sont produites par des fleuves ? Il faut établir qu'il
existe sous le pole une terre , et des fleuves
demeurant liquides à une température au-
dessous de zéro. Et encore comment expliquer la prodigieuse hauteur de ces glaces ?
On sait que des glaçons flottans de 15 ou 20
mètres de haut ne sont presque rien en
comparaison des montagnes permanentes.
Quels fleuves , quels courans marins peuvent élèver leurs flots à cette hauteur et s'y
congeler ?

Il est donc prouvé par la hauteur de ces
glaces , et par la douceur de leur eau ,
qu'elles tirent leur origine des nuages , et
s'accroissent sans cesse de neiges , de pluies ,
de rosées, de brouillards et de vapeurs.

Que pour les former ou les agrandir ,
les nues abandonnées au mouvement propre
de l'atmosphère, refluent constamment vers
les poles, c'est ce qu'il est facile de démontrer. La rotation de la terre , et l'action du
soleil, produisent entre les tropiques un
courant continuel dans l'air , de l'Est à
l'Ouest. Mais la force centrifuge étant plus
considérable sous l'équateur, la couche d'air
qui s'y trouve tend toujours à s'élever. Elle
doit donc en vertu des lois de l'équilibre ,
être remplacée par l'air ambiant, c'est-à-

dire qu'il s'établira des tropiques, et par conséquent des poles, un courant continuel vers l'équateur.

Le vent d'Est, qui soufle toute l'année entre les tropiques est ainsi modifié. Indépendamment des perturbations produites par la chaleur et les localités, ce vent décline de l'Est vers le Nord dans l'hémisphère septentrional, et dans l'hémisphère méridional, de l'Est vers le Sud. Il est difficile de méconnaître ici l'action des courans dirigés des poles vers l'équateur (1).

Cette action est augmentée par la dilatation que produit la chaleur du soleil sur la couche d'air qui enveloppe l'équateur. Car on ne peut supposer que dans cette couche, l'air à minuit, soit assez refroidi, pour refluer vers la partie opposée du méridien, et y presser la colonne d'air dilatée au même moment par le soleil de midi. L'équilibre est donc encore rétabli par deux courans d'air venant des poles à l'équateur. Voilà ce qui se passe dans la couche inférieure de l'atmosphère.

La colonne d'air qui répond à l'équateur, s'élevant sans cesse par l'effet de la chaleur et de la force centrifuge, détermine la

______

(1) *Encyclopédie méthodique. Marine*, tome III, pag. 8o7 — 8o9, article *Vent*.

couche supérieure qu'elle supporte, et par elle, toutes les couches voisines, à former un contre-courant de l'équateur aux poles, contre-courant nécessaire pour rétablir l'équilibre. C'est par ce contre-courant que sont emportés les nuages, plus légers que la couche inférieure qui les soutient, et placés dans la couche supérieure, dont ils partagent la température froide. Une expérience aérostatique, ou seulement un voyage sur une haute montagne, suffisent pour rendre constante cette position des nuages dans la partie froide de l'air : on sait d'ailleurs que dans les tems les plus chauds, ils tombent glacés sur la terre, sous la forme de grêle.

Une expérience confirme cette théorie. On a rempli d'eau un globe de verre, et l'on y a introduit un fragment de pierre, des morceaux de cire et une bulle d'air. On a fait ensuite tourner le globe sur un axe parallèle à l'horizon. Par l'effet d'un mouvement vif, sans être trop prompt, on a vu la pierre décrire assez constamment l'équateur, et la cire se porter vers les poles, et s'y tenir jusqu'à ce que la rotation eût cessé. La bulle d'air s'est d'abord séparée en deux au sommet du globe, le filet d'eau qui la divisait répondant juste à l'équateur, un mouvement accéléré portait chacune des bulles vers un des poles, et les maintenait presqu'aux extrémités de l'axe, malgré la grande différence de pesanteur spécifique (1).

Cette expérience semble répondre à toutes les objections. Les nuages se trouvent placés dans l'atmosphère comme les corps légers dans le globe; et si ceux-ci sont contenus par la calote de verre, les nuages ne le sont pas moins par la conche d'air supérieure, que leur pesanteur les empêche de franchir.

Si l'hypothèse relative à la décomposition

---

(1) L'expérience a été faite avec un sphéroïde très-alongé, et tronqué vers les poles, ce qui était un grand désavantage ; l'air s'arrêtant constamment aux cercles de *troncature*, et ne pouvant, à cause de sa légèreté, suivre plus loin la forme du vaisseau, et baisser perpendiculairement vers l'axe. Dans un sphéroïde applati et non tronqué vers les poles, tel que le globe terrestre, le succès de l'expérience eût été plus complet, mais non pas plus décisif. Remarquez qu'un mouvement brusque et irrégulier confond tous les corps dans le globe, et ne permet d'en distinguer aucun. Mais un mouvement très-rapide et très-soutenu, forme, des morceaux de cire et de la bulle d'air, un cylindre qui occupe toute la longueur de l'axe, et qui diminue d'autant plus son diamètre, que la rotation est plus prompte. C'est un effet de la force centrifuge devenue assez considérable pour surmonter la pesanteur, et porter dans toute la ligne des centres, les corps d'une moindre gravité spécifique.

de l'eau et à la formation des aurores boréales (§ II, 3°. pag. 12 et 13) paraît assez
vraisemblable pour qu'on puisse la rappeler
ici, on raisonnera, pour le gaz hydrogène,
comme pour les nuages, et l'on concevra
facilement que les glaces polaires doivent
s'accroître de toute l'eau formée par la combustion de ce gaz, pendant les aurores
boréales.

§. V I I I.

Parcourez d'un œil attentif la surface entière du globe. Contemplez d'abord les
énormes amas de glaces qui chargent l'un
et l'autre hémisphère. Leur masse est presque double dans l'hémisphère austral, qui,
possédant une bien moindre surface terrestre, ne peut rappeler sur ses élévations peu
nombreuses qu'une faible partie de toute
l'eau qui s'évapore de ses vastes mers. A
mesure que l'abaissement des montagnes,
délitées par l'action des eaux et par l'action
des ans, à mesure que l'anéantissement des
forêts, dévorées par l'imprévoyance et la
prodigalité de l'homme, diminuent les
moyens dont se sert la Nature pour reporter
sur notre sol les eaux dissoutes dans l'atmosphère ; une portion de l'eau enlevée par
l'évaporation aux mers et aux fleuves, vient
là se fixer pour jamais, et accroître ces

glaces informes, séjour solitaire du silence et de la mort.

Voulez-vous, sur un autre plan du tableau, reconnaître la terre infortunée qui a perdu des masses d'eau si considérables? Voyez ces déserts brûlans qui séparent l'Asie de l'Afrique, voyez les ruines mornes de Balbec et de Palmyre; là aussi habitent, et pour toujours, la mort et le silence. Où sont les palmiers innombrables de l'antique *Tadmor?* où sont les sources qu'ombrageait leur feuillage? L'œil attristé n'apperçoit bien loin à l'entour qu'une arène desséchée, nue, sans cesse sillonnée par les vents. Jamais l'eau du ciel n'y vient rafraîchir le voyageur égaré ; et la terre, que ses mains entr'ouvrent, offre à regret à sa soif dévorante quelques gouttes d'une eau chargée des sels les plus amers. Voilà dans ces lieux les seuls restes des trésors variés qu'y répandait la Nature. Quels fléaux ont désolé ces contrées jadis si populeuses? A mesure que la société s'étendait, le desséchement des eaux stagnantes, et le resserrement des cours d'eau, ont diminué l'évaporation ; les arbres abattus dans de vastes défrichemens , ont cessé d'appeler sur la terre les tributs des nuages : les sources ont tari. En vain l'industrie des hommes a voulu quelque tems lutter contre le cours de la Nature. Malgré les travaux des Palmyréniens et ceux des Empereurs de Rome, malgré cet aqueduc magnifique qu'un sable aride encombre aujourd'hui, la sécheresse destructive a fait chaque jour de plus grands progrès, et ces régions, la gloire de l'Asie, se sont transformées en un désert affreux.

J'ignore si dans l'état primitif de la terre il a existé quelques cantons dénués absolument d'eau et de végétation : mais par-tout où de semblables déserts occupent la place des antiques habitations des hommes, il est impossible de ne point voir un monument certain des vérités que je veux établir.

Opposez à ces images l'aspect d'une terre neuve où jamais la main de l'homme n'imposa de lois aux élémens. Dans les Savannes de l'Amérique, l'eau couvre une immense portion du sol, et semble vouloir le revêtir tout entier. Des forêts d'une étendue sans bornes ramènent à la surface de la terre tout le fluide qui s'en est évaporé. La largeur des fleuves, la grandeur et la multiplicité des lacs et des marais, l'exubérance de la végétation offrent à chaque pas la preuve de l'énorme circulation des eaux.

Un aspect plus riant aux yeux de l'homme civilisé, c'est celui d'un pays où l'industrie à été guidée par la prudence, l'avidité restreinte par un intérêt sainement calculé; où la largeur des cours d'eau a toujours été respectée , et la conservation d'immenses plantations d'arbres alliée à l'agriculture la plus étendue. La terre y jouit d'une étonnante fécondité, et nourrit une population innombrable ; la circulation de l'eau constamment entretenue dans un degré moyen ne nuit point à la salubrité de l'air , favorise la végétation et la régularité des saisons, et donne à la navigation intérieure l'activité la plus prospère. Voilà le tableau que les voyageurs font de la Chine , et l'on peut admettre ces effets merveilleux, si les causes auxquelles on les attribue existent réellement.

Une peinture consolante pour nous serait celle d'une région, éloignée déjà de ce point d'équilibre par des travaux et des défrichemens excessifs ; mais qui enfin arrêterait la progression désastreuse de la sécheresse et de la stérilité ; et à force d'essais, de patience et d'industrie, parviendrait à réparer le passé et à faire rétrograder la décadence de la Nature. Pourquoi cette position n'est-elle pas celle de ma patrie ? Mais malgré toutes nos connaissances physiques , malgré la disette de bois qui nous annonce le besoin

de replanter bien plus que l'on n'abat,
aucun peuple ne s'occupe encore de régé-
nérer ses forêts, ou du moins ce n'est pas
en France, ce n'est pas en Europe qu'il le
faut chercher.

§ I X.

Ainsi, dans l'ordre primitif de la Nature,
évaporant sans cesse l'eau qui la couvre, et
la réabsorbant sans cesse, la Terre implore
les soins de l'homme pour n'être point toute
entière conquise par cet élément ambitieux.
Mais l'homme, avide et imprévoyant, ne
met point de bornes à ses travaux destruc-
teurs. L'immense étendue des plaines ne
suffit bientôt plus à ses desirs ; il faut qu'il
l'augmente aux dépens des eaux et des forêts. Les arbres disparaissent, les fleuves
sont resserrés, les marais desséchés ; et il
s'applaudit de voir naître des moissons aux
lieux que parcouraient les barques de ses
pères, ou qui cachaient sous un ombrage
impénétrable la retraite des animaux sau-
vages.

Cependant les fruits de son imprudence se
font sentir à ses descendans. La nature,
troublée dans son cours, laisse défaillir la
végétation, laisse tarir les sources, et refuse
aux fleuves les eaux qui remplissaient leurs
vastes lits. L'homme alors s'étonne, et mé-

connaît son propre ouvrage : consterné à la vue de ces phénomènes, sur la réalité desquels il se méprend, il pense que l'eau s'anéantit peu-à-peu ou se décompose ; il accuse la nature de lui dérober cet élément si nécessaire à son existence, et de réserver à sa postérité le sort affreux de Tantale.

Je crois avoir prouvé qu'on ne peut admettre une décomposition progressive de l'eau ; que pour expliquer tous les phénomènes qui produisent cette apparence de diminution, il suffit d'un ralentissement dans la circulation de l'eau ; que ce ralentissement est l'effet d'une moindre évaporation de fluide à la surface de la terre, et de la perte des eaux qui se condensent en glaces aux poles et sur les sommets décharnés des plus hautes montagnes.

Des faits particuliers et un coup-d'œil général sur les divers aspects de l'univers se sont joints à des raisonnemens fondés sur les lois de la physique, et sur des expériences positives, pour donner à mes conjectures le plus haut degré de vraisemblance.

La connaissance des causes du mal doit conduire à celle des remèdes.

Les premiers qu'un gouvernement sage puisse employer, sont de restraindre aux plus sévères indications du besoin, les abattis

de bois, ou plutôt la dévastation des forêts ;
de favoriser les plantations ; d'encourager
les expériences que des hommes animés du
désir du bien peuvent tenter pour couvrir
d'arbres les terreins jusqu'ici les plus re-
belles ; enfin, d'établir en grand, dans les
domaines nationaux, le régime et l'économie que l'on voit exister dans les domaines
des particuliers (1).

Mais ces ressources isolées seraient long-
tems insuffisantes, et peut-être infructueuses.
La diminution des eaux s'oppose à la prompte
renaissance de la végétation, et semble devoir
décourager, par la perspective de leur im-
puissance, tous les efforts de la science et
de l'industrie.

Il est heureux de pouvoir, contre cette
difficulté, trouver une ressource dans un
projet inventé par le génie et avoué par la
raison, et dont, sous un autre point de vue,

---

(1) Je travaillais à la rédaction de ces conjectures, lorsque j'ai eu connaissance des Réflexions du Citoyen Cadet
de Vaux sur la diminution progressive des eaux. L'auteur
y développe les inconvéniens qui résultent d'un déboise-
ment excessif ; il fait envisager l'abus d'abattre sans replanter, comme le fléau qui tarit les fontaines et les
fleuves, et frappe la terre de stérilité. Je me félicite de
m'être rencontré sur ce point avec un savant aussi esti-
mable que le Citoyen Cadet de Vaux.

l'exécution importe à la prospérité publique.

Je veux parler du projet que le citoyen *Perrier* (des eaux) a présenté au gouvernement et au corps législatif, et dont le but est de ranimer la navigation intérieure de la France, en adoptant et perfectionnant la méthode suivie pour la construction des canaux en Angleterre. Ces canaux, peu profonds, mais ayant beaucoup de pente et par conséquent un cours rapide, vivifieront à la fois la navigation et la végétation. A ceux qui craindraient qu'en multipliant les surfaces d'eau, ils ne nuisissent à la salubrité de l'air; je réponds que l'atmosphère n'est infectée par les vapeurs aqueuses, que quand elles sont exhalées d'eaux stagnantes et sans profondeur, où les débris accumulés d'animaux et de végétaux produisent en abondance un gaz *délétère* : le voisinage d'une rivière ne cause jamais de maladies endémiques, à moins que des débordemens n'entourent la rivière de marais.

On a pu juger, par toutes les considérations qui précèdent, des avantages que l'on doit attendre de cette vaste multiplication des surfaces évaporantes sur tout le sol de la France. Il est beau à l'homme d'opposer son industrie aux progrès du mal dont a été cause l'imprudence de ses ayeux; il est beau

de pouvoir se promettre avec quelque vraisemblance, de ramener la régularité des
saisons, et de rendre à la végétation cette
énergie qui semble réservée aux premiers
efforts de la nature. C'est pourtant ce que
nous aurons droit d'espérer; et l'exemple de
la Chine nous y autorise. Les expériences
consignées par *Hales*, dans sa *Statique
végétale*, prouvent « qu'il tombe plus du
» double de rosée sur une surface d'eau
» que sur une terre humide ». Ce fait indique quel effet produira sur la circulation
de l'eau, l'existence de canaux nombreux,
bordés d'arbres dont ils accéléreront la végétation, et qui à leur tour empêcheront
les vapeurs aqueuses de s'égarer dans l'atmosphère, et d'être à jamais perdues pour
notre sol, pour nos sources, et pour toutes
les œuvres de la création.

C'est alors que la France unira aux ri-
chesses de l'art, qui appartiennent aux âges
les plus civilisés, les trésors de la nature,
qui semblent n'appartenir vraiment qu'à
l'enfance du monde.

Haec ego ; praecipiti dùm passim fessa ruinâ
Regna cadunt; totumque tonant fera bella per orbem,
Bella tremendorum finem importantia regum.

O campi ! o Sylvae et fluvii , laetissima dona!
Quae facies est vestra! tepentem invita cruorem
Terra bibit ; ferro agrestes populatur et igne
Divitias Bellona ; avidi nemus omne dolabrâ
Militis obruitur; fontes, alveosque , trementesque
Obsidunt fluviorum ingesta cadavera ripas.

Hostibus haec nostris! Patrio sed tu impiger agro
Consule, ne arboribus pluvias neget, amnibus undas ,
Legibus et fessa ipsa suis natura repugnet.
Te, FRANCISCE, manet servati gloria ruris :
Jam norint elementa tuas naturaque leges;
Arboribus montes intexe, canalibus undas
Instrue, FLUMINIBUS SYLVAS REGE, FLUMINA SYLVIS.

Sic curis natura tuis respondeat olim !
Candida sic Fausto veniat pax omine terris !
Consilioque potens, virtute potentior, ingens,
Libera (si dubiae et prorsus non inscia sortis)
Indefessa malis, successibus incorrupta ;
Sic nostra innumeros RESPUBLICA floreat annos!

EUSÈBE SALVERTE.

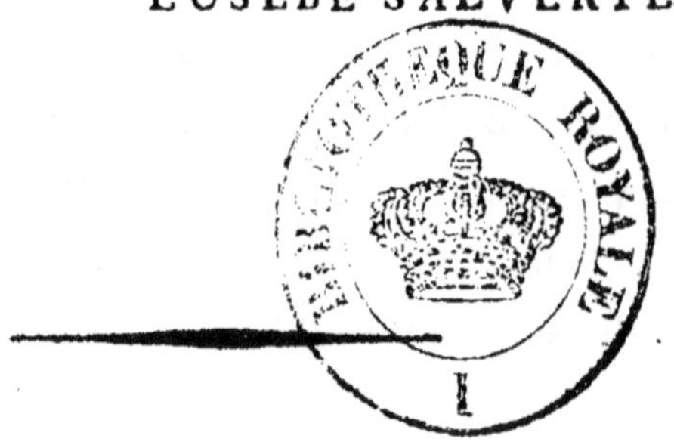

Je prends la liberté Citoyen de vous adresser
un exemplaire d'un ouvrage qui vient
de me tomber sous la main, et qui sans
doute vous intéressera.

Vos réflexions lumineuses sur la Contradi-
qu'en un point, C'est que la masse des
eaux est fixée depuis longtemps dans des
limites invariables. Cette masse fut toujours, on ne l'est point.
les témoignages du séjour des eaux sur le
globe, témoignages que vous invoquez
vous même, prouvent qu'elle immensité
d'eau a du disparaître, et vous n'avez
dans votre système de moyen de les
loger que dans les glaces polaires,
C'est un moyen je Crois bien
insuffisant, et au quel les Conjectures
Conjointes peuvent et doivent
suppléer.
au reste dans ce vaste pais des
Conjectures, il est permis de s'égarer, C'est
le Domaine de l'imagination ou la raison découvre d'utiles vérités.